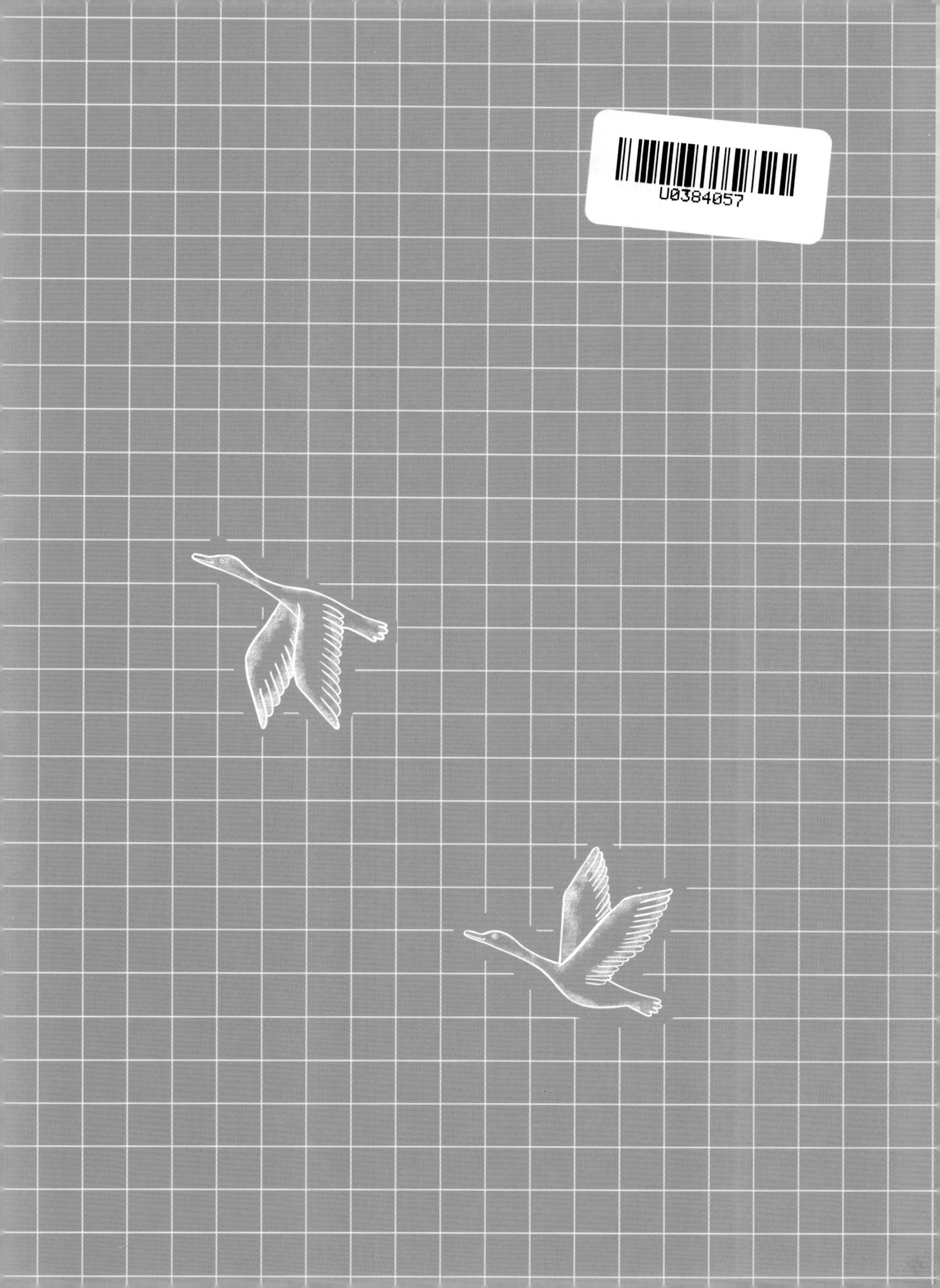
U0384057

·“神奇生物”系列·
嘘！
动物王国的神奇秘密！

王海媚　李至薇　编著

海洋馆

海豚出版社
DOLPHIN BOOKS
中国国际出版集团
CIPG

新世界出版社
NEW WORLD PRESS

神奇生物探秘之旅

阅读不只是读书上的文字和图画，阅读可以是多维的、立体的、多感官联动的。这套“神奇生物”系列绘本不只是一套书，它提供了涉及视觉、听觉多感官的丰富材料，带领孩子尽情遨游生物世界；它提供了知识、游戏、测试、小任务，让孩子切实掌握生物知识；它能够激发孩子对世界的好奇心和求知欲，让亲子阅读的过程更加丰富而有趣。

一套书可以变成一个博物馆、一个游学营，快陪伴孩子开启一场充满乐趣和挑战的神奇生物探秘之旅吧！

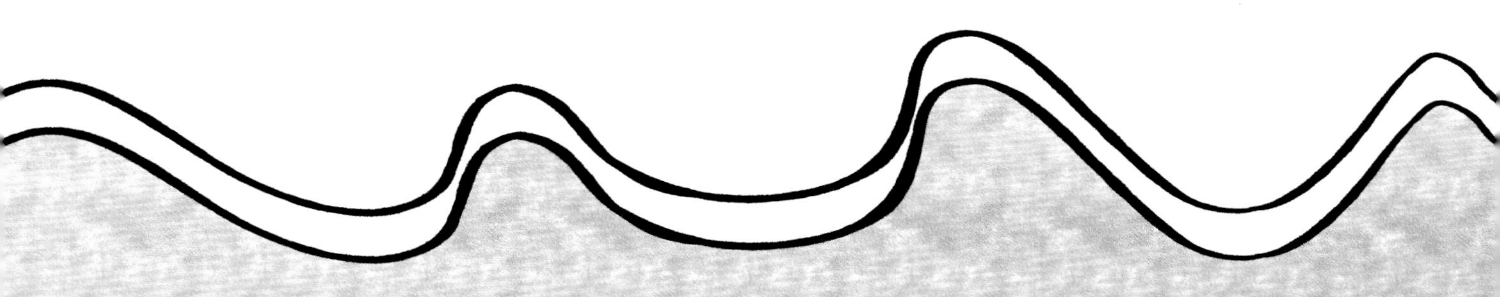

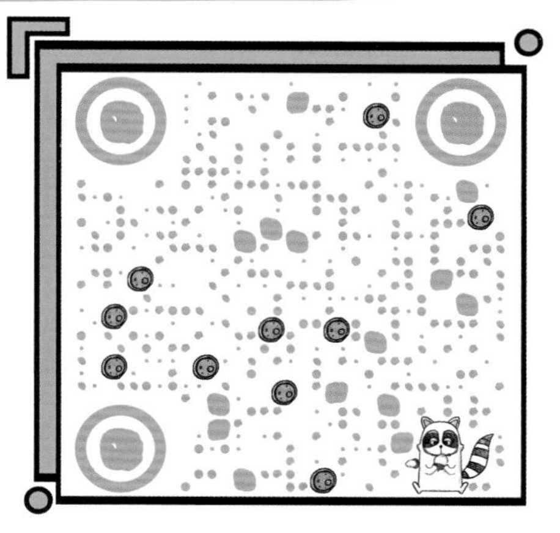

这就是探索生物秘密的钥匙，
请用手机扫一扫，立刻就能获得。

生物小百科

书里提到一些生物专业名词，这里有既通俗易懂又不失科学性的解释；关于书中介绍的神奇生物，这里还有更多有趣的故事。

生物相册

书中讲了这么多神奇的生物，想看看它们真实的样子吗？想听听它们真实的声音吗？来这里吧！

趣味测试

读完本书，孩子和这些神奇生物成为朋友了吗？让小小生物学家来挑战看看吧！

走近生物

每本书都设置了小任务，可以带着孩子去户外寻找周围的动植物，也可以试试亲手种一盆花，让孩子亲近自然，在探索中收获知识。

生物画廊

认识了这么多神奇生物，孩子可以用自己的小手把它们画出来，尽情发挥自己的想象力吧！

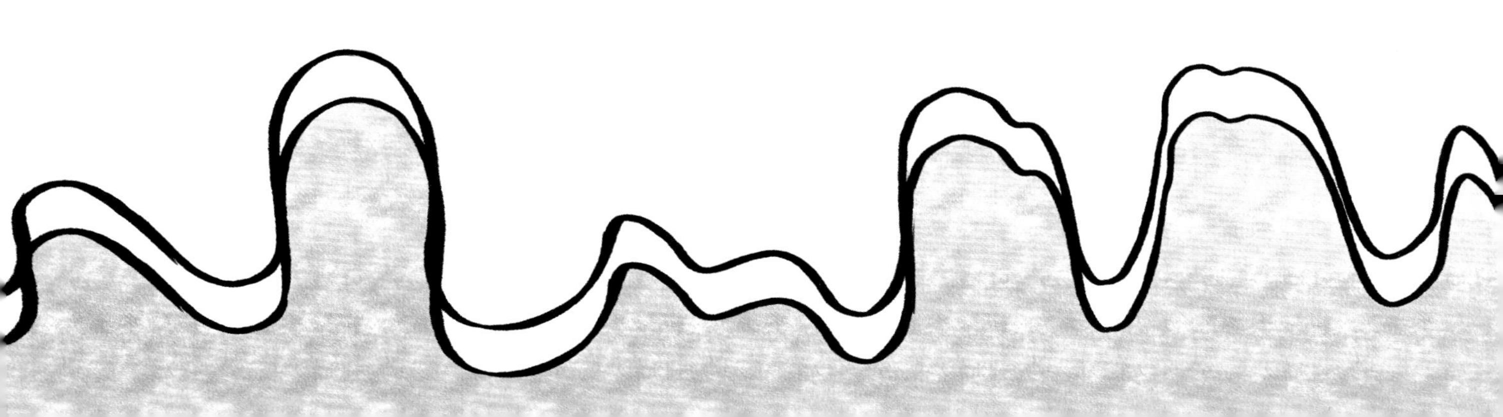

嘘！你听说过吗？
动物王国有一些神奇的秘密，
你想知道是什么秘密吗？
我悄悄地告诉你，
别人不知道的，
快跟我来。

地球上生存着几百万种动物，它们大小不同、长相不同、习性不同，但都有自己独特的生存方式。你想知道它们的特殊本领吗？

这可是动物王国的神奇秘密哟！跟我一起来探秘吧，嘘！要悄悄的，不要打扰到动物们。

生物小百科

绘本中提到的生物学知识，一扫便知，指导孩子不费事。

小宝宝的守护天使

深海章鱼

有一种深海章鱼，生下宝宝后，可以在四年多的时间里，一直寸步不离地守护在宝宝身边，不让它们被其他大鱼吃掉，直到宝宝长大。

有了章鱼妈妈这样辛苦的守护，深海章鱼才能一代又一代地生存繁衍下去。

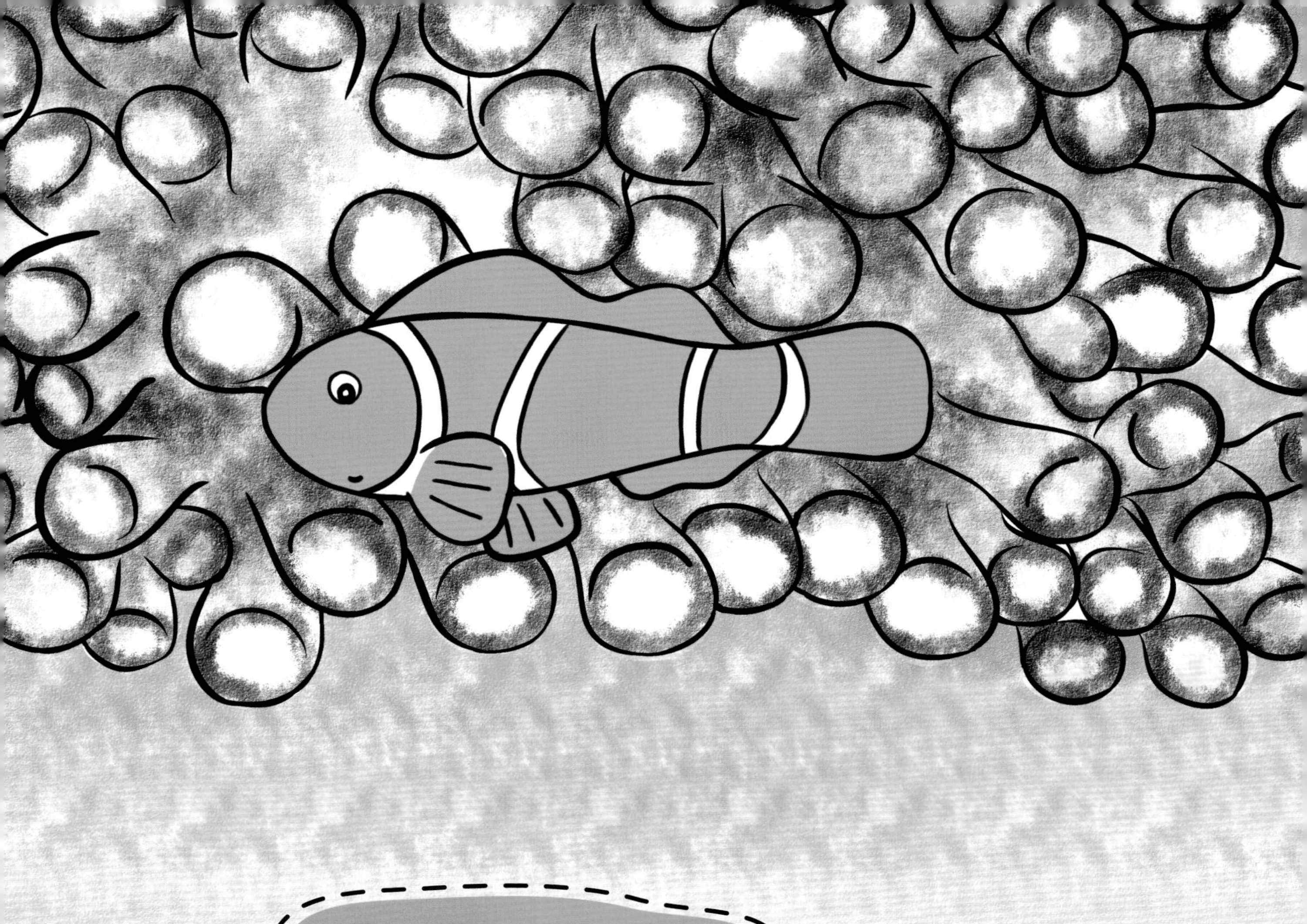

海洋最佳搭档
海葵和小丑鱼

海洋里有一对小伙伴，是互相帮助的最佳搭档。

它们就是海葵和小丑鱼。

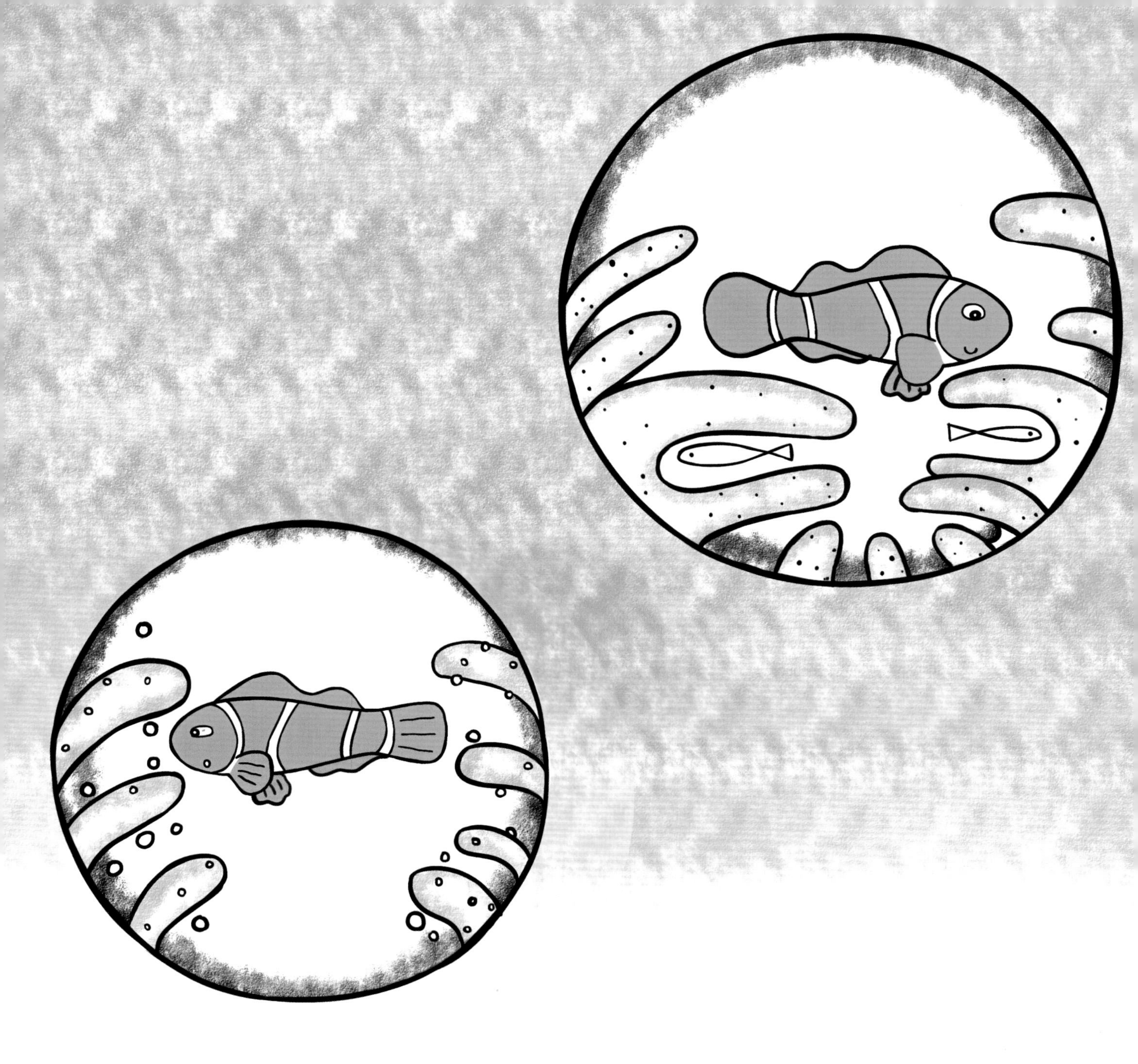

海葵的身上长着毒刺，可以保护自己，也能保护生活在海葵中的小丑鱼。

小丑鱼身体表面有特殊的粘液，不怕海葵的毒刺，还会吃掉海葵消化不了的食物残渣，帮助打扫卫生。

有时候，小丑鱼还会充当“诱饵”，吸引海葵喜欢的其他鱼类前来成为海葵的美食。

出生就得靠自己
海龟

大部分动物在刚出生时，都需要爸爸妈妈照顾。

但也有一些动物，它们一出生就要自己照顾自己，自己长大。

海龟就是这样。

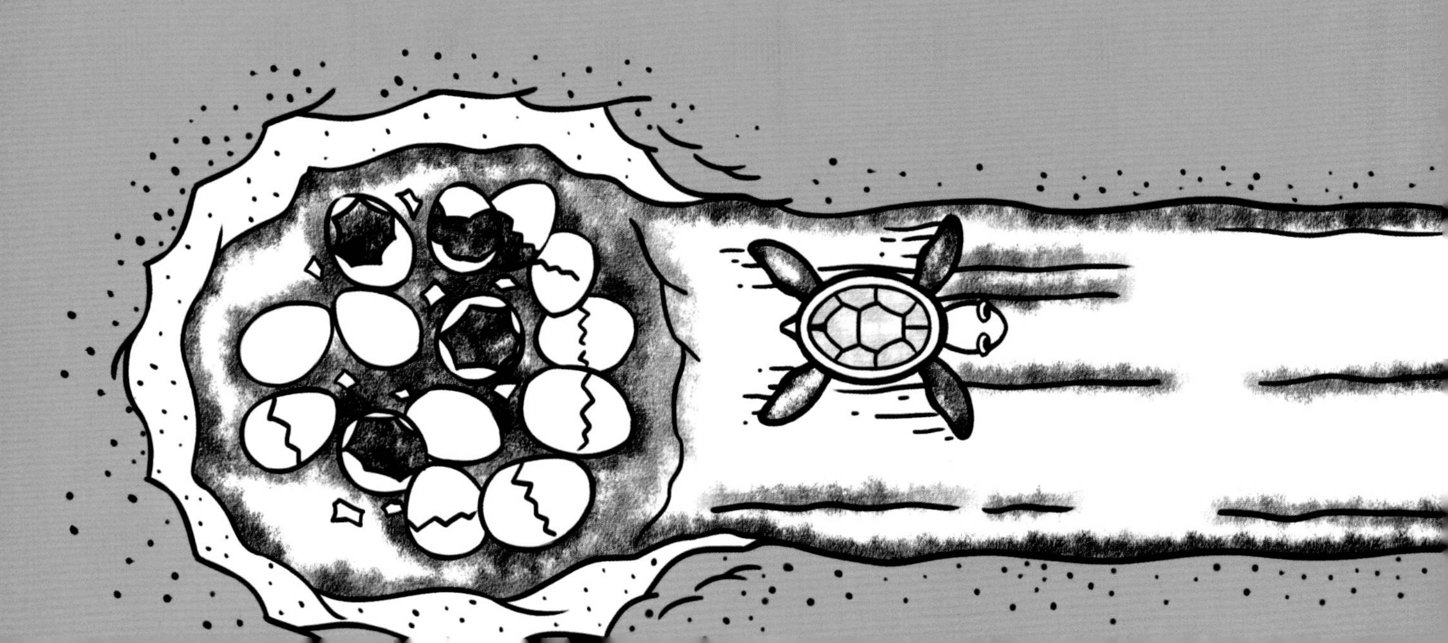

海龟妈妈在沙滩上产下卵后就会离开，小海龟要借助沙滩的温度孵化出来，自己弄破蛋壳，还要爬过长长的沙滩，游向大海。

为了防止被其他动物吃掉，小海龟们会选择在晚上动身，月亮和星星为它们指引方向。

从一出生就学会自立的小海龟，真的很厉害！

勇敢无畏的伙伴

狼

虽然大自然里充满危险，但是很多动物都很勇敢，比如狼。

在面对敌人的时候，狼会团结在一起，毫不畏惧地往前冲。

为了打跑敌人，保护家人和伙伴，它们从不考虑自己的安危。

爸爸告诉我，狗的祖先就是狼，怪不得我家的小狗也那么勇敢，一起出去玩的时候，它还想要保护我呢。

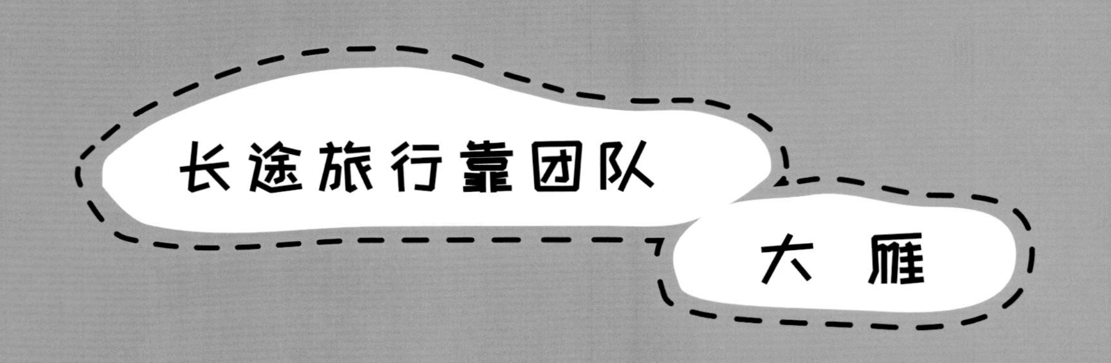

大雁是候鸟，每到秋冬季节，要从寒冷的北方飞往温暖的南方。

几千公里的行程，大雁要飞行很长很长的时间。

孤雁很难完成这么遥远的旅行。大雁们总是会组成一个队伍，团结互助，共同飞行。

它们常常排成“人”字形，强壮的大雁会在前面带路，队伍带动的气流可以帮助后面的大雁减轻飞行负担。

领头的大雁还会发出鸣叫，鼓励同伴不要掉队。

头雁飞累了，其他的大雁就会主动接替它的工作。

走近生物
带孩子亲近大自然，
去自然界中观察生物。

乐于分享的猛兽
狮　子

说到喜欢分享的动物，大家可能很难想到威风凛凛的狮子。

实际上，狮子虽然看起来很凶猛，但它们之间关系特别好。

狮子喜欢生活在大家庭里。雄狮负责抵抗敌人、保护家园；雌狮则会一起组队捕捉猎物。

雌狮们会把猎物带回家，跟大家分享，尤其是给那些还没有长大的狮子宝宝们。

什么都爱吃的家伙 浣熊

大家印象中不挑食的动物是什么呢?

哈哈，我首先会想到憨憨的猪。

不过, 在自然界里还有一种不挑食的动物, 它就是浣熊。

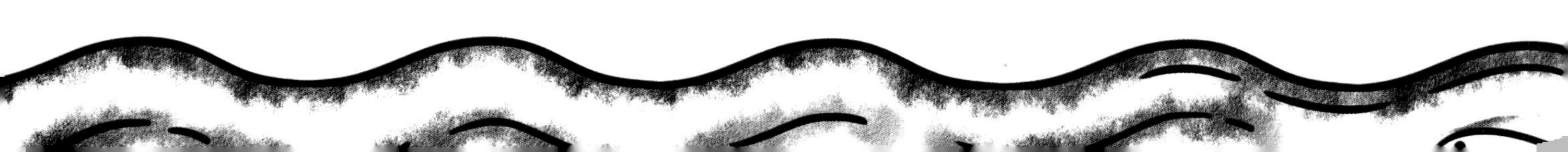

浣熊什么食物都爱吃，春天和夏天吃昆虫，秋天和冬天吃水果、坚果。

苹果、核桃、橡树籽……都是它喜爱的食物。

浣熊还会“打猎”，它能捕食鱼和青蛙。

真是一点也不挑食、胃口真好啊！

世界上最快乐的动物
短尾矮袋鼠

在遥远的澳大利亚，有一种非常“娇小”的袋鼠，名字叫短尾矮袋鼠。

这种袋鼠个子不高，身高和幼儿园小班的小朋友差不多。

它们胖嘟嘟的脸上永远挂着甜甜的微笑，因此被称为“世界上最快乐的动物”。

短尾矮袋鼠不害怕人类，特别喜欢和我们一起玩耍。

它们不仅外表长得可爱，内心也充满了阳光。

最贴心的安慰者

猕猴

妈妈说，当我们看到别人难过的时候，就会产生同情心。

这是人类的美德。

同情心可不是只有我们人类才有，很多动物也有呢！

有一种猕猴就像人类一样，会观察和关心同伴们的处境和情绪。

看到同伴遇到困难和危险时，猕猴会跑过去安慰对方。

最神奇的是，它们还会通过拥抱、爱抚和亲吻来传递自己的感情。

爸爸常对我说，要学会爱护他人、关心他人。

大象就是一种特别有爱心的动物。

大象喜欢组成大家庭一起生活，大象妈妈会照看象群里面所有的象宝宝。

不管是不是自己的宝宝，大象妈妈都会给它们同样的照顾和爱。

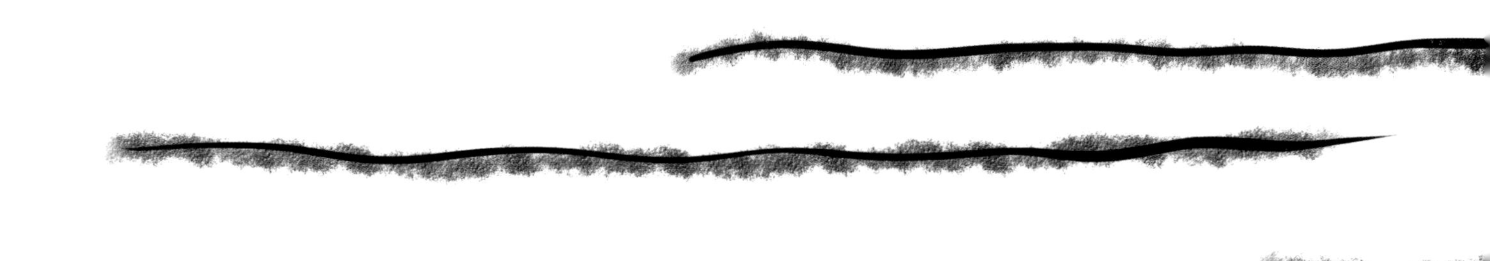

趣味测试

生物知多少？让小朋友进行一场小测试吧！

守护、合作、自立、勇敢、分享、安慰、照顾……这些就是动物王国的神奇秘密，是让动物们能繁衍至今的重要本领。

你可以把这些故事告诉其他的小朋友，如果你还知道更多动物的神奇秘密，赶快来告诉我吧！

短尾矮袋鼠，你好呀！
不要动，我要画你甜甜的微笑！
沿着虚线描一描，再给你涂上好看的颜色！
希望你永远这么快乐！

生物画廊

喜欢的生物，还可以动手把它们画出来哦!

图书在版编目（CIP）数据

嘘！动物王国的神奇秘密！/ 王海媚，李至薇编著
. -- 北京：海豚出版社：新世界出版社，2019.9
ISBN 978-7-5110-4034-3

Ⅰ . ①嘘… Ⅱ . ①王… ②李… Ⅲ . ①动物－儿童读
物 Ⅳ . ① Q95-49

中国版本图书馆 CIP 数据核字 (2018) 第 286316 号

嘘！动物王国的神奇秘密！
XU DONGWU WANGGUO DE SHENQI MIMI
王海媚　李至薇　编著

出 版 人　王　磊
总 策 划　张　煜
责任编辑　梅秋慧　张　镛　郭雨欣
装帧设计　荆　娟
责任印制　于浩杰　王宝根
出　　版　海豚出版社　新世界出版社
地　　址　北京市西城区百万庄大街 24 号
邮　　编　100037
电　　话　(010)68995968（发行）　(010)68996147（总编室）
印　　刷　小森印刷（北京）有限公司
经　　销　新华书店及网络书店
开　　本　889mm×1194mm　1/16
印　　张　2
字　　数　25 千字
版　　次　2019 年 9 月第 1 版　2019 年 9 月第 1 次印刷
标准书号　ISBN 978-7-5110-4034-3
定　　价　25.80 元

版权所有，侵权必究
凡购本社图书，如有缺页、倒页、脱页等印装错误，可随时退换。
客服电话：(010)68998638